知味新疆
ZHIWEI XINJIANG

JIANGWEI
RENJIA

疆味人家

本书编委会 编

新疆科学技术出版社

图书在版编目（ＣＩＰ）数据

疆味人家 / 本书编委会编 . —乌鲁木齐：新疆科学技术
出版社，2022.5（知味新疆）

ISBN 978-7-5466-5200-9

Ⅰ . ①疆… Ⅱ . ①本… Ⅲ . ①饮食－文化－新疆－普及
读物 Ⅳ . ① TS971.202.45-49

中国版本图书馆 CIP 数据核字（2022）第 254980 号

选题策划　唐　辉　张　莉
项目统筹　李　雯　白国玲
责任编辑　吕　才
责任校对　牛　兵
技术编辑　王　玺
设　　计　赵雷勇　陈　上　邓伟民　杨筱童
制作加工　欧　东　谢佳文

出版发行　新疆科学技术出版社
地　　址　乌鲁木齐市延安路 255 号
邮　　编　830049
电　　话　（0991）2870049　2888243　2866319（Fax）
经　　销　新疆新华书店发行有限责任公司
制　　版　乌鲁木齐形加意图文设计有限公司
印　　刷　北京雅昌艺术印刷有限公司
开　　本　787 毫米 ×1092 毫米　1 / 16
印　　张　6.25
字　　数　100 千字
版　　次　2022 年 12 月第 1 版
印　　次　2022 年 12 月第 1 次印刷
定　　价　39.80 元

丛书编辑出版委员会

顾　　问　石永强　韩子勇

主　　任　李翠玲

副主任（执行）　唐　辉　孙　刚

编　　委　张　莉　郑金标　梅志俊　芦彬彬　董　刚

　　　　　刘雪明　李敬阳　李卫疆　郭宗进　周泰瑢

　　　　　孙小勇

作品指导　鞠　利

出品单位

新疆人民出版社（新疆少数民族出版基地）

新疆科学技术出版社

新疆雅辞文化发展有限公司

目　录

09 味蕾魔方 · 九碗三行子

无论多么不平凡的生命，最终都归于平淡的柴米油盐。无论生命中有多少波澜壮阔，我们最迷恋的始终还是包裹在烟火人世里的温暖和感动。

27 喜乐知足 · 胡辣羊蹄

伴随着每日三次舌尖上的提醒，美食总会让我们停下脚步，围坐于桌前。菜不分南北，味不分浓淡，在酣畅火热或孑然一身中，填充人生的喜乐。

47 鼎沸飘香 · 巴里坤土火锅

它是古老的讲究，让游牧与农耕在汤锅中融合；它是极致的手艺，让传统与现代在沸腾中交接；它是热情的绽放，让温暖向寒冷靠近。

63 绝味双拼 · 面肺子　米肠子

每个人的记忆中，都会有一些过往让人难以忘怀，或是割舍不去的情感，或是萦绕舌尖的味道。

79 文火烹鲜 · 羊肉焖饼

这世间所有的美食，都是时间沉淀下来的火候和余香。越是弥足珍贵的美味，在当地往往越是平淡无奇。羊肉焖饼便是这样独特的存在。

新疆，自古便是多民族交汇融合之地。

放眼美食层面，也是如此。

食不分主次，菜不论流派。对于新疆人而言，诸般咸宜，来者不拒。

这些来自天南海北的美味，不断融合、改良，与新疆原生的风味一起，共同构成了滋味独特的新疆味道。

味蕾魔方

九碗三行子

无论多么不平凡的生命，最终都归于平淡的柴米油盐。无论生命中有多少波澜壮阔，我们最迷恋的始终还是包裹在烟火人世里的温暖和感动。

想要寻找地道的新疆风味，昌吉小吃街不可不去。

昌吉小吃街位于昌吉市北城区，里面的建筑颇有特色，青砖翠瓦，搭配着铁红的镂空门窗，显得古色古香。

但最吸引人的，还是品类繁多的特色小吃。

马磊的九碗三行子店就开在小吃街里。

九碗三行子是流行于我国西北地区的一种风味美食，原本只出现在一些重要场合上。宴席上的菜，用九只碗来盛，并把九碗菜摆成每边三碗的正方形，这样无论横看、竖看，都成三行，故名"九碗三行"。

随着时间流逝、社会发展，九碗三行子不仅走进了人们的日常生活，它的"内容"也悄悄地发生了变化。

相比于传统的九碗三行子，马磊的九大碗里，除了夹沙、丸子、黄焖肉之外，还将鱼、烩菜和新疆小炒加入其中。

九碗三行子对食材的新鲜程度和烹制的形状都有着极高的要求。

夹沙制作过程

肉馅搓成的丸子裹上糯米可以做成雪花丸子，鸡蛋和肉馅搅拌在一起可炸成夹沙……九大碗里的不同搭配，都讲究营养均衡。客人来了，只需将这九大碗放入大蒸锅中蒸熟，最后浇上调配好的汤汁便可上桌，吃起来爽口不腻，别有一番风味。

九大碗上浇的汤汁，是每家滋味不同的关键。

马磊制作汤汁的办法，传自父亲。但他凭着对食材搭配和风味的理解，又融入了自己的想法。

这种传承与变化，成就了今日的九碗三行子，也成就了一道既地道又新潮的新疆味道。

一种美食的诞生，其背后也必定有着精彩的故事。

据民间相传，晚清时期林则徐来到新疆。他一路风尘仆仆，历经艰难，过星星峡、哈密、木垒、奇台、吉木萨尔直至昌吉。当地的人们为了迎接他，便精心准备了特色美食——九碗三行子，九碗三行子也因此成为当地人的待客佳肴。虽是民间传闻，但也反映出了新疆各族人民对林则徐的敬仰之情，以及各族人民对美好生活的向往。

新疆还流传着这样一句很有意思的俗语："九碗三行子，吃了跑趟子。"在过去，回族人家男方向女方提亲前要先请媒婆来家里吃顿九碗三行子，这样媒婆才会使尽浑身解数一趟趟去女方家游说。于是就有了"九碗三行子，媒婆跑趟子"这句俗语，而随着时间的推移，又演变成了"九碗三行子，吃了跑趟子"。

九碗三行子的名字也很有意思，其中同时包含了中国人心目中的两个吉祥数字："三"和"九"。古人将宇宙概括为日、月、星三光；把一天划分为早、中、晚三段；把一时分为三刻；把最受尊敬的君、父、师称为三尊；就连读书也是必读《三字经》《千字文》（均是三字一句）。民间历来还有"立夏之日尝三鲜"的习惯，三鲜饺子、三鲜火锅、地三鲜等美食更是深受大众喜爱。可见，"三"在中国传统文化中有着特殊的意义。

古人对"九"这个数字特别重视，被看作是"至尊之数"。"九"是个位数中最大的数字，按清代文学家汪中在《述学·释三九》中所言："凡一二之所不能尽者，则约之以三，以见其多。三之所不能尽者，则约之以九，以见其极多。"人们常用"九"表示"多"的意思。民间更有"九斗碗""三蒸九叩"等带有数字"九"的菜肴。由此可见，"九"也可以代表着千滋百味的集合。

正宗的九碗三行子一共有九道菜，通过煎、炸、炒、烹、调、蒸、煮、拌等烹饪方式进行料理，分别用九个大小一样的碗来盛装，并把九碗菜摆成每边三碗的正方形。九碗、三行，一目了然，让人熟记于心。当然，九碗三行子中的"行"字要念四声（hàng），这样才能体现出它的语感和韵味！

九碗三行子本是民间的一种"流水席"，参加这种宴席又叫"吃席"。待客人入席后，首先上桌的是小麻花、油果、方块糖之类的点心和糖果，还有一杯清雅的淡茶。清茶的余香萦绕在每一位客人的身旁，既可以赶走路途中的疲惫，也可以让客人们有时间相互认识、寒暄。稍作休息后，今天的主角——九碗三行子就闪亮登场了。

九碗三行子讲究荤素搭配，营养均衡。其中较为固定的五碗，分别是以牛肉、羊肉、鸡肉蒸炖为主的丸子、黄焖肉、夹沙等荤菜；其余四碗则以白菜、豆腐、粉条、木耳、鸡蛋等素菜为主，师傅们也会根据四季不同的蔬菜进行调整。

即使在物资稀缺的年代，人们也依旧将为数不多的食材进行组合，竭尽所能地表达着对生活最崇高的敬意。每一个碗里承载着的不止是一道美食，更是那个年代人们的淳朴，对亲朋好友以及远方贵宾的尊重与欢迎。就像一只碗与另一只碗的碰撞能发出清脆悦耳的响声一样，一颗心与另一颗心的碰撞也能感知彼此的心意与善良。

时至今日，仍有不少匠人们坚守着这一传统的美食技艺，并在传统烹制方法的基础上，结合当下人们的喜好不断地推陈出新。

现在的九碗三行子，已经融入了各民族饮食的特点。除了在原料上有不少改进外，有些师傅在做菜时还增加了蒸南瓜、椒麻鸡、酸辣鱼、烧羊排等花样，甚至全素的九碗三行子也悄然出现在了百姓的餐桌上。为了提升食客们的就餐品质，有些餐厅会将盛菜的碗更换成盘子，还会在盘子周围点缀些许雕花进行装饰。无论从吃的种类上来说，还是从盛装的器皿上来看，都更适合现代人饮食的需求。但是，无论如何变换，九碗三行子中最有仪式感的部分一直沿袭至今，那就是这道美味佳肴的摆放方式始终都没有改变过。

蒸南瓜

烧羊排

椒麻鸡

酸辣鱼

一道九碗三行子道出了美食文化的源远流长，一条小吃街则是千年美食文化的缩影。

当平整的九碗（盘）菜品端上桌时，如果取掉中间的那一道菜，再仔细看，它就像是一个"回"字，既代表着回族的餐饮文化，也代表了回家之意，表达着人们对和平盛世的祈愿。就这样，菜肴中的文化味道也随着美食的香气缓缓飘散于餐桌的方寸之间，人们吃的是秀色可餐的菜肴，品的却是博大精深的饮食文化。

光阴似箭，岁月如歌。一道九碗三行子道出了美食文化的源远流长，一条小吃街则是千年美食文化的缩影。

昌吉小吃街是集餐饮、建筑观光、文艺表演、特色商品销售等为一体的多功能商业街。在这里，人们不仅可以品尝到正宗的九碗三行子，还可以购买到少数民族特色服饰以及精湛的民间手工艺品。

走在小吃街，看着仿古的建筑，穿梭于古朴的街道，仿佛与古人并肩同行。雕梁画栋，是智慧的尘封；楼台亭阁，荡漾着历史的回声。整体布局古朴雅致、艳丽舒展，体现了别具一格的地域文化。

这里的美食大都曾获"中华名小吃""新疆名小吃"或"昌吉名小吃"等称号。而在这个美食聚居之地，九碗三行子仍然难掩其光芒。因为它代表的不仅仅是一种家宴的味道，更是人们对平安幸福的殷殷期盼。

九碗三行子，亦如魔方一般。如果将九宫格的摆盘方式比作魔方的一整面，那么它的味道则更如魔方般千变万化，吸引着人们不断去尝试，不断去创新。这道充满着生活气息的菜品，是日复一日的柴米油盐酱醋茶，也是实实在在的人间烟火味。

正是因为有了这种烟火味，我们无论身处何处，都能从排列成三行的九个碗中感受到家的温度，体会到家的情感。

喜乐知足

胡辣羊蹄

伴随着每日三次舌尖上的提醒，美食总会让我们停下脚步，围坐于桌前。菜不分南北，味不分浓淡，在酣畅火热或孜然一身中，填充人生的喜乐。

在昌吉小吃街，老张胡辣羊蹄子店有着很高的人气。

店主张福新和妻子杨玉萍，二十余年来只做胡辣羊蹄。

胡辣羊蹄——这是一道需要时间沉淀的美味。

处理干净的羊蹄在大锅中摆放整齐，上面铺上一层胡椒粉、红辣椒和秘制的粉料，倒入老卤汤，还需要进行长时间的炖煮。

几个小时后，汤汁里的调料才能完美入味。

胡辣羊蹄
的做法

胡椒和辣椒的味道彼此融合，有着别样刺激的口感。

羊皮糯软入喉，肉筋香浓可口，一吸一吮，就能品出美妙滋味。

胡辣羊蹄是新疆众多美食中为数不多的卤味之一，也是传统的新疆风味之一。

此时，远在喀什的大厨们正在费尽心思对胡辣羊蹄进行改良。

他们尝试着在清水里加上皮芽子（指洋葱，新疆本地人的叫法），先将羊蹄煮熟，再用秘制好的酱料腌制入味，食用时还要挤上一些柠檬汁。这样做出来的羊蹄油而不腻，有着更为清爽的口感。

有人贪恋旧味，有人喜爱变化。

每一种不同的风味，都有自己的追随者。

于是有了传承，有了创造。

在美食的世界里，一只普通的羊蹄也能做出各种花样。

因为有热爱，生活才变得活色生香。

羊蹄，即羊的四足，分前蹄和后蹄：前蹄比较小，蹄筋很多，较有嚼劲；后蹄则比较大，肉多筋少。

无论前后蹄，骨头都很小，且含有很多的胶原蛋白，所以那些"懂行"的人都会专挑羊蹄吃。

在过去物资匮乏的年代，人们会充分利用羊身上的每一处来进行精心的烹制，羊蹄也就自然而然地走进人们的视野，走上百姓的餐桌。

在 20 世纪，牧民家中的厨房都会积攒一些清理干净的羊蹄。一日三餐，烧水做饭，厨房里更是烟熏火燎……在日积月累之间，挂在墙上的羊蹄也渐渐地发生着变化，最后一点儿水分也没有了。恰是经过这不经意间的熏烤处理，成就出了羊蹄独特的风味，形成了一道特色的牧家美食。

食用前，将羊蹄下入煮沸的开水中，只用食盐调味。沸水中蹄筋的收缩使羊蹄呈现出不同程度的弯曲，风味的升华在顺其自然中形成。

这醇厚的美味，来自岁月的烟熏火燎。也许羊蹄的美妙，从挂上墙的那一刻就开始了。这种用时间二次制造出来的美味，化普通为神奇，蕴含着祖辈们的博大智慧，使那些平淡的日子变得温暖、富足，充满希望。遥想从前，各家的庭院里都会挂着成串的大蒜、火红的辣椒，还有或多或少的羊蹄，这也算是一道别致的风景吧。

经过岁月的流转，"民以食为天"的人们不仅创作出了炖羊蹄、扒羊蹄、红烧羊蹄、盐水羊蹄、香辣羊蹄、胡辣羊蹄等数余种羊蹄的做法，更逐步探索出羊蹄的养生功效。

羊蹄在中医的药膳中，经常作为一种滋补食物，连同枸杞、金银花、人参等各种滋补类的药材一起烹煎做成汤类。羊蹄中含有丰富的胶原蛋白，脂肪含量也比一般肥肉低，且不含胆固醇，能增强人体细胞代谢，使皮肤富有弹性和韧性、延缓衰老，对于爱美的女性而言绝对是一款不错的选择。另外，羊蹄还对腰膝酸软、身体瘦弱者有很好的食疗作用，具有强筋壮骨之效，老少皆宜。

对于新疆人来说，嚼劲十足的羊蹄配上麻辣爽口的胡椒和辣椒，可谓是相辅相成，胡辣羊蹄也由此得名。作为新疆小吃系列美食中的当家菜肴，且先不说胡辣羊蹄的味道如何，只看直径近一米的大盆里层叠的羊蹄那酱红的色泽，就足够让人驻足观望，垂涎欲滴。

胡辣羊蹄的制作方式可以用「精细」与「精心」来概括。

胡辣羊蹄的制作工序可以用"精细"与"精心"来概括。

"精细"指的就是第一道工序——褪毛。不同的地方褪毛的方法也不同，但主要凭手感与经验。首先需要烧一锅热水，等温度恰到好处时投入新鲜羊蹄，火候一到就捞出，趁热将大部分羊毛褪去；然后再次将羊蹄投入锅中，继续翻滚烫制，待捞出后再褪"羊鞋"（"羊鞋"即为四只尖脚上的硬壳，需烫制足够长的时间才能褪出，有时碰上较老的羊蹄，还需借助工具才能完全清除）。等褪下"羊鞋"后，人们便会把羊蹄一只只放在火苗上转动，将余毛燎尽。刮去焦黑部分后，羊蹄就变得红红嫩嫩、白白糯糯。

"精心"指的就是第二道工序——烹煮。其实,相对而言煮羊蹄的环节并没有那么复杂,只需用八角、茴香、桂皮、香叶、干姜、料酒做一个卤水,再加入大量鲜辣椒、干辣椒和胡椒,将清洗干净的羊蹄放入锅中用小火慢慢炖煮即可。在入锅之前,每一个羊蹄的大骨顶端都要用锤子砸一下,使骨头顶裂开一道缝,便于油脂析出。在炖煮过程中,师傅们需随时留意火候,细心观察。为了能

充分入味，还需要将卤汁多次淋浇到羊蹄上，炖至皮肉酥烂，且避免羊蹄骨肉分离。羊蹄经过慢火精心炖制后，在充分保留营养的同时，还能够有效去除膻味，散发出一种极其细腻的油脂芳香，这芳香第一时间就会钻进人们的鼻子里。街坊四邻若闻到此芳香，便会立刻知晓是有人在烹煮这一道经典美味了。

一道上好的胡辣羊蹄色泽红亮诱人，香味浓郁。其实羊蹄本身并没有多少肉，主要是吃外面那层软糯的皮和里面那条韧性十足的筋。入口的瞬间，麻辣软糯、层次分明的滋味就会立马传导到味觉神经，引爆人们的味蕾。鲜、

香、麻、辣等多层次的美味带来的美妙体验会一股脑儿地涌入心间，好像整个世界已经被彻底遗忘了一般。直到啃得只剩一根光溜溜的骨头时，方才心如止水。此刻，辣椒的辣和胡椒的麻依旧在口中不断地萦绕徘徊，令人欲罢不能，回味良久。

胡辣羊蹄无论是忠于原味来吃，还是蘸着蘸料来吃，都不会令人感到失望，反而会由此增加人们对于它的好感。有些人还会根据自己的口味加入适量的食醋。那个味道滑进肠胃，就像生活的五味瓶，从唇齿生香到回味无穷。

无论在美食夜市，或是街头巷尾，都能看到胡辣羊蹄的身影。尤其是在酷热的夏季，约上三五老友，坐在夜市摊前，再点上一份胡辣羊蹄，喝上几口冰镇啤酒，吹吹凉爽的夜风，那种惬意之感无以言表。

胡辣羊蹄之所以在新疆广为流传，皆因其非常符合当地人的饮食习性。新疆，是大西北最火辣的地方；而胡椒，便是这火辣的调味料之一。

这种辛香类的植物不仅用于调味，也可药用，在新疆的特色美食中发挥着十分重要的作用，是新疆人沉迷的味道。做菜的师傅们在制作烤全羊、烤肉串、烤包子等食物中都会放些胡椒调味。

胡椒除了能够给食物提味之外，还有去腥的作用。它的口感以辛辣为主，但辣口不辣心，"辣感"短暂，几秒钟后便会消失，人们的肠胃根本就不会有任何激烈的感受。甚至在《本草纲目》中有"胡椒能增加人体胃液的分泌，具有开胃消食等功效"的记载。

其实，各地的美食都有一个共同的特点，那就是"因地制宜"。胡椒也不例外，由于新疆独特的自然环境，胡椒驱寒的功效被广泛利用，这便形成了新疆人喜爱吃胡椒的习惯。

而新疆人喜欢吃辣，还与一条路有关。从地图上看，无论是大盘鸡、辣子鸡，还是胡辣羊蹄，其发源地大致都分布在312国道附近。这条全程近5000千米的大动脉斜贯东西，从江南水乡一路跨越秦岭、黄土高原、河西走廊，过了星星峡，便进入了新疆通畅的道路，促进了社会的融合与人口的变迁，也促进了美食文化的传播，让人们有了更多传承、创造和选择的机会。

大盘鸡

辣子鸡

羊肉串

新疆也是中国辣椒的优质产区，尤其以糖分高、辣味足、色泽格外鲜艳的红辣椒最为出名，红辣椒的年产量已占全国的五分之一。新疆的红辣椒种植主要分布在两个区域：一是以沙湾为代表的北疆辣椒种植区，包括昌吉、石河子、奎屯等地；二是以焉耆为代表的南疆辣椒种植区，包括和硕、博湖等地。要想做出正宗的胡辣羊蹄，新疆的红辣椒必不可少，不然就像是身体没有了灵魂，花儿失去了芳香。据说，在红辣椒中提取的辣椒红素还特别适合做口红呢！

每到秋天，便是"辣椒人"最为开心的时刻了。这时的新疆不仅风景如画，而且硕果累累。丰收的农家百姓会将火红的辣椒摊晒在金色的土地上，看上去犹如一条匍卧在山坡上的红色巨龙。翻晒、挑选、装运、销售，车辆来来往往，人流熙熙攘攘。那宏大的阵势、沸腾的场面，宛如一幅鬼斧神工的印象派画作，美不胜收。

火红的辣椒映红了天空，映红了山峰，映红了人们淳朴的笑脸。这里的人们日出而作，日落而息，逍遥于天地之间而怡然自得。对他们来说，年年红红火火便已知足，也唯有知足，才得喜乐。

坐定时潺潺流淌的无限温情，起身后悄悄滋生的人间烟火……这才是一顿饭最有温度的样子。对于离家在外的学子，抑或是踽踽独行的人们，点上一份油亮火红的胡辣羊蹄，再狠狠地咬上一口……美味佳肴与味蕾碰撞，芬芳馥郁，也激起对家乡故土依依眷恋的情怀。这份情怀也能让我们回顾着家的味道，漫步于幸福的人生。

鼎沸飘香

巴里坤土火锅

它是古老的讲究，让游牧与农耕在汤锅中融合；它是极致的手艺，让传统与现代在沸腾中交接；它是热情的绽放，让温暖向寒冷靠近。

在巴里坤，除了羊肉焖饼，还流行着一种独具风味的美食——土火锅。一口中间有烟囱的大肚铜锅，是新疆土火锅的标配。

白菜、豆腐、粉条做锅底，再铺上牛肉丸子、鸡翅、羊排、夹沙，土火锅的食材十分接地气。

新疆的冬季寒冷而漫长。放入很多黑白胡椒的土火锅，不仅营养丰富，还有暖胃的功效。

在巴里坤，侯艳丽和丈夫一起经营着一家以土火锅为主的小店。

现炸的丸子和夹沙摆入铜锅中，再放入各类蔬菜，倒入早已熬制好的牛骨汤，烧红的煤块放进铜锅中间的炉子里……不一会儿，锅子就沸腾起来。

一群人围坐在一起吃着土火锅，用来消磨冬天的时日再好不过。

热腾腾的土火锅，热腾腾的日子。

这是每个新疆人都曾有过的冬日时光。

在众多的饮食词语中，"火锅"属于少有的一词多意。它既是食品，又是炊具名称，还是传统的饮食方法，可谓身兼数职。

火锅，是中国人独创的一种美食，古称"古董羹"，因食物投入沸水时发出的"咕咚"声而得名。火锅历史悠久，被记载于历朝历代的古籍文字中。

早在商周时期就出现了火锅的雏形——"鼎"。这种"鼎"上面一层放食物，下面一层放炭火，一般会在重大活动上使用。战国时期，甚至已经出现了"鸳鸯锅"的雏形。在湖北襄阳的郑家山墓地里，考古学家发现了一个战国晚期的"铜鼎"。鼎内分隔，鼎上面还有一个盖子。到了汉代，火锅之风尤为兴盛，在西汉海昏侯刘贺的墓地里，又发现了"青铜温鼎"，俗称"青铜火锅"。锅身椭圆形，

三足支撑，是实用型的火锅。考古学家将它挖出来的时候，甚至在锅里发现了残留食物的成分。三国时代，魏文帝曹丕最钟爱"五熟釜"（就是用隔板把不同口味的汤底隔开，分成五个格子），可同时煮不同的食物，这与如今的九宫格火锅可谓有异曲同工之妙。南北朝时期，火锅使用"铜鼎"，"铜鼎"也是现代普遍流行的火锅。唐代时，又出现了一种陶制的"暖锅"。到了宋代，火锅在民间已十分常见，南宋林洪的《山家清供》中，便有同友人一起吃火锅的介绍。元朝时，火锅流传至蒙古一带，专门用来烹煮牛羊肉。至清朝，火锅不仅在民间盛行，而且还成为一道著名的"宫廷菜"。

铜制火锅之所以在古代非常流行，皆因铜是人类发现最好用的纯金属之一，也是最早的金属之一。由此可见，那时的人们就已经发现了铜锅质坚耐用、无毒、传热快等妙处。

时至今日，铜火锅就像一位圣洁冰清的隐士，保持着质朴和自然，浑身散发着历史的厚重和岁月的沧桑。

在繁华盛世的今天，我们围铜锅而坐，享渊源、闲适的文化，品真挚、温暖的情谊，也算是人生一大开怀之事。

对于吃火锅，全国各地基本有三大类别：第一种为汤锅系列，即以涮生肉片、蘸料食用为主，其中以老北京涮羊肉和广式打边炉最具代表性；第二种是特色锅系列，端上桌时锅内的主要食材已全部煮熟，吃完后可用汤底来烫煮其他配菜，如羊肉炉、羊蝎子火锅等；第三种就是土火锅系列，即把锅中的所有食材煮熟后端上桌，连配菜也无需再汆烫，炉火完全用来保温，如佛跳墙、复兴锅等大锅菜。

"巴里坤土火锅"是相对于现代的各种新式火锅而言，流行于民间的一种叫法。用经典的炭火炉搭配一口用巴里坤的铜制作出来的锅，原生态的火锅道具在这里被使用得淋漓尽致，不仅还原了祖辈们的用餐场景，也承载了土火锅的时代情怀。铜锅正中间上方有个烟囱，是用来放置煤炭的地方，其外形是个"大肚子"，而"大肚子"里面可以盛放许多不同种类的食材。

巴里坤土火锅的食材一般有白菜、豆腐、粉条、夹沙、野蘑菇、羊肉等，根据不同食材一般分为什锦火锅、小鸡炖野蘑菇火锅、鹅腿火锅、牛排火锅、麻辣鱼火锅等。对于巴里坤人而言，一道上等的土火锅，准备食材的每道工序都有着严格的要求。

夹沙一般要选上好的牛前腿肉或羊肉，去筋去皮，按照肉的纤维切成长条，再手工将肉条细细切成肉末，剁成肉馅。将鸡蛋饼皮放在最下层，刷上一层鸡蛋淀粉糊，把肉馅铺匀后再刷一层鸡蛋淀粉糊，盖上饼皮，然后放入油锅。一般需要回锅炸两遍，使夹沙里面的肉馅炸透，吃起来外焦里嫩、酥脆可口。

巴里坤土火锅的主要食材

野蘑菇则选择巴里坤天山野蘑菇。巴里坤的草原上分布着大面积的原始森林，森林里有许多自然生长的野蘑菇。这种蘑菇口感鲜嫩，肉厚洁白，清香爽口，将其放在土火锅中，汤的味道更加香浓。

巴里坤土火锅与川渝火锅最大的区别就是不用花椒、红油等调味底料，而是注重汤底的鲜香原味。火锅的汤底通常选择牛骨汤或羊肉汤，一般熬上两三个小时后才倒入铜锅中。

"装锅"时先将白菜、豆腐、粉条铺于锅底，然后将羊肉、夹沙、丸子、蘑菇、木耳、青菜等各种食材一层层地有序码放。多数人都认为，要补就得吃肉。羊肉性热、肉质细嫩，可以滋补身体，还能御风寒，最适宜冬季食用。粉条有良好的吸附性，能吸收鲜美汤料的味道，爽口滑溜的口感让人尽享欢愉。豆腐、青菜、木耳含有丰富的蛋白质和维生素，慢慢煨炖，味道清香。

香喷喷的汤底被炭火烧得冒泡，各种食材在铜锅里尽情地释放着自己的原汁原味，与汤底彼此渗透，滋味天然醇厚。

土火锅的"肚"大，可容纳各种食材；土火锅的"肚"圆，众人可同吃一锅。

在巴里坤，大到酒楼，小到餐馆，人们都很容易点上一份带有本土特色的土火锅，大快朵颐。巴里坤土火锅荤素搭配得当，味道鲜香扑鼻。火锅顶部会配上切好的新鲜红、绿椒丝，令人赏心悦目、胃口大开。无论炎炎夏日，还是数九寒冬，亲朋好友围坐在冒着热气的火锅边，看着食物慢慢翻滚，一缕缕热气、一口口美味，鲜香弥漫。喝上一口原味鲜汤，温胃暖心，全身上下都被暖意所包围。试想一下，在寒风呼啸的严冬时节，让麻辣与鲜香碰撞，让严寒与火热会面，一群人围着热气腾腾的火锅边吃边煮，笑谈其间，多么幸福！

在巴里坤举办的特色美食节上，最引人注目的是一个直径约 2 米的特大土火锅，号称"西北第一大土火锅"，里面装入了上百种食材，仅牛羊肉就有 70 公斤，还有夹沙、丸子、粉条、豆腐等各类食材，每样都有 6 公斤左右，象征着老百姓的日子红红火火、团团圆圆、多姿多彩。

作为节日的必备美食，巴里坤土火锅在当地人心中具有举足轻重的地位。每逢除夕之夜，人们便会将土火锅置于餐桌的最中央，再好好地大吃一顿，把肚子吃得圆圆鼓鼓，名为"装仓"，不仅是对自己一年来辛苦的犒赏，同时也期盼来年五谷丰登，生活更加美好。

古老质朴的巴里坤土火锅仿佛是人间烟火的最佳诠释。鲜，是它给人的第一印象。随着炭火升温，羊肉的缕缕清香缓缓飘散，让人有种置身于草原的恍惚感。它的魅力，不仅在于满足人们对美味和营养的追求，对温暖和情谊的向往，也在于其深刻的文化内涵。有容，德乃大；沉淀，才有味。在各类火锅大行其道的今天，土火锅依然是巴里坤人餐桌上的惊艳之作，不仅为人们品尝美食增添乐趣，还承载了人们对中国传统文化中"和乐""团圆"的诠释。

华灯初上、炉膛里，炭火正红。巴里坤的夜，鼎沸飘香。

在各类火锅大行其道的今天，土火锅依然是巴里坤人餐桌上的惊艳之作。

绝味双拼

面肺子 米肠子

每个人的记忆中，都会有一些过往让人难以忘怀，或是割舍不去的情感，或是萦绕舌尖的味道。

每个人的记忆中，都会有一些过往让人难以忘怀，或是
割舍不去的情感，或是萦绕舌尖的味道。

天山山脉，横贯新疆中部。

从巴里坤沿着天山山脉一路向西，可抵达伊犁河谷。

在伊犁州的伊宁，米肠子和面肺子绝对是风味独具的美味。

在新疆，有面肺子的地方，就有米肠子。

妥福明和妻子共同经营着一家面肺子店。

二十多年来，他们每天与米肠子、面肺子打交道，二者
已然成了他们生活的一部分。

人们对于口腹之欲的追求，给这些风味注入了强悍的生命力。

制作面肺子与米肠子绝对是一份比较磨练性子的工作。

清洗羊肺子，把和好的面用水洗出面筋，灌制成面肺子再煮熟……这些都需要足够的耐心。

米肠子的制作相对复杂，要将羊肝、羊心、羊肠油和适量的胡萝卜切成丁，加胡椒粉、孜然粉、盐，和洗净的大米拌匀做馅儿，填入羊肠内。每道工序都消耗着大量的时间与精力。

将煮好的面肺子、米肠子和面筋，摆放进大盆里。

食用时，只需把这几样按一定的比例，或者依照各自的喜好任意搭配，切成片、块形状，在高汤锅里过水，撒上香菜，配上油泼辣子和醋，就能吃得心满意足。

这种利用羊肺和羊肠为外衣制作的美味，如今不仅存在于街头巷尾，还成为了豪华酒店餐桌上的"常客"，深受新疆各族人民的喜爱。

人们对于口腹之欲的追求，给这些风味注入了强悍的生命力。

夜色来临，平凡而踏实的一天又将过去。

妥福明满意这样的生活状态。

夫妻俩互相陪伴，就连锅边灶台的寻常日子，都是温暖记忆。

新疆盛产羊肉，以羊肉为原料烹制的各种美食，种类丰富、花样繁多；而以羊的内脏为原料烹制出来的风味小吃更是令人垂涎三尺、口水直流，面肺子便是其中的代表。与面肺子同食的，定是米肠子。在新疆，面肺子和米肠子总会同时出现在小吃摊上。它们就像一对孪生兄弟，缺一不可。

在伊犁的巴扎上或是深巷里，总会有一个简陋的小食摊冒着热气，面肺子、米肠子、面筋、羊心、羊肚等食材被摊主整齐地摆放在一个大盆里，等待着食客们前来挑选。面肺子一个个鼓鼓囊囊的，煞是好看；米肠子一根根排列整齐，闪烁着诱人的油光，还未走近，香味就已经开始蔓延。一般有面肺子、米肠子的巷子，往往人声鼎沸、热闹非凡。匆匆赶来的食客们和摊主亲热地打着招呼，摊主依照食客的喜好，把食材按照比例分别切成片和块的形状；再根据食客们的口味，加入蒜末、油泼辣子、香菜、葱花等，淋上香醋，浇上滚烫的骨头汤。

轻咬米肠，口感香软，薄薄的肠衣十分柔嫩，米粒颗颗分明，软硬适中，不同食材带来了丰富的咀嚼层次。米肠子香而不腻，面肺子也很有嚼头，没有一点儿膻味，取而代之的是油与面的鲜香气息。肺软嫩，肠糯鲜，面筋有嚼劲……那味道会一直从舌尖窜到胃底，浑身都舒服。

总能听到在巷子里排队的人说："怪得很，在这儿现切现吃的面肺子、米肠子，就比买回家吃要香很多……"这或许是因为环境不同，感觉也会不同吧。在街边巷道，与熙熙攘攘的食客们融为一体，随意地边吃边聊，周围弥漫着香气，吃到嘴里的味道也会愈发醇厚、浓烈些。

一个有经验的美食家，一定会去小巷子里寻找那一份藏在民间的美味。

面肺子
米肠子

一个有经验的美食家，一定会去小巷子里寻找那一份藏在民间的美味。至于美食背后的文化，在穿街走巷之余，定会觅得。

为什么伊犁人会如此钟情于面肺子、米肠子呢？作为新疆特色美食，面肺子、米肠子已有四五十年的历史了。在 20 世纪 70 年代，各家各户都是定量供应粮食，人口多的家庭吃饭更为困难。为了找到足以果腹的食物，当地人把聪明才智发挥到了极致，面肺子、米肠子便应运而生。

做碗热气腾腾的面肺子需要经过切割、洗涤、缝合等一系列过程，每一道工序都要细心、耐心，做起来既耗时又费力。制作过程更是相当复杂，一般从揉面、灌装到煮熟，最少需要 5 个小时。

主妇们会把清洗干净的羊肺从喉管处灌满水，然后倒出，反复数次，直到羊肺呈洁白色时，便可开始准备面汁子。所谓面汁子，就是把和好的面洗出面筋，沉淀后，倒掉一大部分清水，把剩下的搅拌成面浆，再倒入适量的熟菜籽油、食盐、孜然粉等调味搅匀。成品面肺子的色香与咸淡，全靠面汁子的调配。

米肠子，是我国西北地区一种传统风味小吃，深受人们的喜爱。

面汁子调好后，用特制的工具套在肺气管上，一针一线缝接好，就可以准备灌面肺了。所谓灌面肺子，就体现在一个"灌"字上。灌面肺是技术活，也是面肺烹制成功与否的关键步骤，通常是由有着丰富经验的师傅操作，具体做法是将面汁子灌入肺中，使羊肺慢慢扩张。随着灌入的面汁子越来越多，羊肺就会像气球一样膨胀起来，整个屋子都弥漫着香味。

米肠子，顾名思义就是用大米灌的羊肠，是我国西北地区一种传统风味小吃，深受人们的喜爱。灌米肠时虽然不像灌面肺这般谨慎小心，但也需要一番细致的功夫。羊肠子在洗净后，油面朝里，光面朝外，截成若干段，扎紧一头备用。将切碎的羊肝、羊心和胡椒粉、孜然粉、精盐拌入大米中，搅拌成馅儿，再灌入肠内，灌至八成满时用线绳扎紧。将灌好的羊肠放入凉水中，上火蒸煮，要不时地用粗针或细铁丝扎破肠壁，使之漏气，否则会因肠壁的破裂而前功尽弃。米肠子的味道常因各地人们的嗜好而定，如和田当地人在制作灌米肠时，大多用制作抓饭的方法配料，烹制出抓饭味的米肠。

生活的意义在于创造，勤俭持家的主妇们不仅制作出了特殊食物渡过生活的难关，还无意中将这些美食演变成

为地方特色小吃。我们不得不称赞第一位做出如此美味的主妇，想象一下，当她汗流满面地端上一盘精心制作的面肺子和米肠子，看到家人的笑脸时，心中肯定也有一份无与伦比的幸福。

不得不说，如今这一传统小吃由于工序过于繁琐，愿意动手制作的人已经越来越少了。幸亏还有一些人在坚守，才让这美味与我们相遇，延续着这舌尖上的惊喜。

新疆人常吃的面肺子、米肠子有干拌、爆炒和带汤三种，干拌是最为常见的一种。干拌，须有米肠子、面肺子、黑肺子、羊小肚和面筋这"五大件"。将面肺子、黑肺子切成薄片，米肠子切成小段，羊小肚切成细条，面筋切成小方块，再淋上香醋、辣子油、蒜汁，放入翠绿的香菜和其他调味汁拌匀即可。饱满的米肠子肠衣筋道，内里软糯；嫩滑的面肺子吸饱了调料汁，顺滑软嫩，嚼劲十足，吃起来满口都是幸福感！

带汤的面肺子、米肠子又是另一番味道。切成薄片的面肺子和切成小段的米肠子经过鲜美的原汤煮烫后，加入葱、蒜末，再淋上香醋，浇上油泼辣子，融和叠加成层次丰富的销魂浓香，令人迷醉。

还有一种吃法就是爆炒面肺子、米肠子。将面肺子、米肠子佐以皮芽子和辣皮子，大火爆炒，极致地体现出面肺的软嫩、米肠的鲜糯。

传承已久的美味，融合成难以复制的韵味，成就了地道的伊犁之味。

传承已久的美味，融合成难以复制的韵味，成就了地道的伊犁之味。

一碗香喷喷的面肺子和米肠子，是属于所有新疆人的美食。有时候，一道简单的小吃比一桌正餐更对胃口，它不仅看起来过瘾、吃起来味美，更重要的是它所代表的新疆舌尖文化，就像新疆的大山大河一样，从来都是伟岸和宽阔的。让我们每时每刻都能够感受到它光芒四射的魅力和激情。

食物陪伴人类走过无数春夏秋冬，不管走到哪里，都会燃起浓浓烟火。在面肺子、米肠子的浓香里，给胃一个又一个的满足。于是，温暖；于是，舒坦；于是，妥帖。

时光流转，滋味融合。

生活，一直推着我们前行。

但无论何时停下、停在何处，总有一种味道，藏于味蕾舌尖，存于记忆深处。

那是新疆的滋味，心底的乡愁。

文火烹鲜

羊肉焖饼

这世间所有的美食，都是时间沉淀下来的火候和余香。越是弥足珍贵的美味，在当地往往越是平淡无奇。羊肉焖饼便是这样独特的存在。

如果我们将视线转向昌吉回族自治州最东边的木垒哈萨克自治县，将会与一种极具风味的新疆美食——羊肉焖饼相遇。

将羊肉炒至金黄，再加水大火烧炖。

将擀薄的面饼铺入汤汁中焖熟，饱蘸了汁水的面饼再捞出切段，放入锅中和焖煮好的羊肉、青红辣椒一起爆炒收汁。

这样做出来的羊肉焖饼辣香味浓，吃起来极为过瘾。

但对于一些食客来说，巴里坤的羊肉焖饼才别有一番风味。

在巴里坤人的口耳相传中，羊肉焖饼的创制与清代名臣纪晓岚被贬入疆有关。

相传纪晓岚被贬入疆途经巴里坤县时，当地县令十分敬仰他的学识，却因其是戴罪之身不能公然示好，便在送食的焖羊肉上盖了一层薄饼掩人耳目，不想这一举动反倒令焖羊肉更具滋味，于是就有了羊肉焖饼这道风味美食。

前腿肉   小羊排

管建红在巴里坤经营着一家农家乐。

羊肉焖饼是农家乐里最负盛名的一道菜。

巴里坤草原出产著名的巴里坤羊，肉质鲜嫩，其前腿肉
和小羊排是制作羊肉焖饼的最好食材。大块的羊肉在油
锅中翻炒变色后加水大火烧开，再转小火焖煮，会充分
激发羊肉本身的鲜香滋味。

一道羊肉焖饼，炖肉的火候把握至关重要。

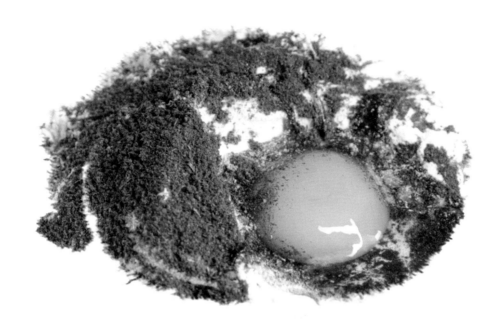

但这道美食的灵魂，是看上去不太起眼的面饼。

当地老百姓从自家院子里采摘新鲜的香豆子叶，这是制作香豆粉的重要原料。

叶片在石臼中被杵成粉末，用细网筛过的香豆粉，与面粉、鸡蛋一起揉和，给面饼注入了特别的香味。

面饼擀得像纸一样薄，一层层放入焖煮着羊肉的锅中，把浓浓的羊肉汤汁浇洒在面饼上面，继续焖一段时间，羊肉焖饼就做好了。

饱蘸了羊肉汤汁的面饼变得透亮而有筋道，软而不黏、油而不腻、薄而不碎，别有一番风味。

美食步骤

用香豆粉、鸡蛋和面。

羊肉放入锅中炖煮。

将面饼放入炖煮着羊肉的锅中。

饱蘸了羊肉汤汁的面饼变得透亮而筋道。

每年，会有很多游客慕名来到巴里坤大草原，看湖水澄碧，看草色连绵，看牧民追风逐马的日子。

总有一些人，要来到管建红的店里，用一顿地道的羊肉焖饼，抚慰饥渴的味蕾。

守着这个农家乐，他们把日子过得有声有色。

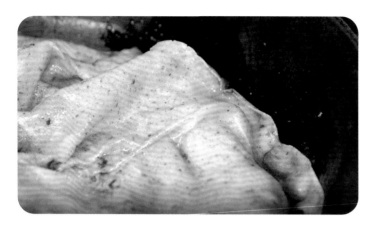

羊肉焖饼也称"绵羊盖被",是新疆特色美食中十大经典名菜之一,在全疆各地区都广泛流行。其色泽澄黄,鲜香微辣,有着悠久的历史。

在新疆,关于羊肉焖饼的来历有一段传奇的故事。当年女娲娘娘在炼化五色石补天时少炼了一块,西北边便留下一个洞,寒风从这个洞吹进来刮在了巴里坤。从此,巴里坤冬寒夏不热,五谷不结。人们不甘忍受寒冷,便在每年的正月二十这一日,家家户户都要吃羊肉焖饼,并把饼子摆放在屋里最通风的地方,以祈望补天挡寒风,补地塞漏洞,盼望能有好收成。

民间传说虽多为虚构杜撰，但它们往往是从生活本身出发，并不局限于实际情况以及人们认为真实合理的范围。这些传说以奇特的语言讲述着人与人之间的某种关联，充满想象的成分。经过一代又一代人一次又一次地口耳相传，一些民间传说有了各式各样的版本。但无论是哪一版本，都表达着人们对美好生活的祈盼。

最早关于羊的记载出现在商朝。古代中国甲骨文中的"美"字是个会意字，从羊，从大，"羊大则肥美"；而"羞"字是个象形字，描绘了一个人手里捧着羊，表示进献美好食物的意思。《说文解字》中记载："美与善同意""羊，祥也"。可见，羊是美和善的象征。同时，羊也与"祥""阳""洋"谐音，中国古代"吉祥"多被写作"吉羊"，民间更是喜欢用"三阳开泰"来表示大地回春、万象更新，也有兴旺发达、诸事顺遂的吉祥祈愿。后来，"洋洋得意""喜气洋洋"等词语也都代表着美好和幸福。而后，中国人又将"鱼羊为鲜"作为美味的记载，用羊肉制作的菜肴受到了人们充分的喜爱。

北宋时期，在《太平广记》中关于肉类的记载共有 105 处，其中关于羊肉的记载就有 47 处，可见宋朝的皇帝们对于羊肉的热爱。由于元代具有鲜明的游牧民族特色，所以在宫廷太医忽思慧所写的《饮膳正要》中，含有羊肉的菜占到了元代食谱的 80%。到了清朝，羊肉的吃法可以说是发挥到了极致，从乾隆下江南的饮食档案来看，最著名的当属清朝宫廷的 108 道羊肉大宴了。

羊肉串	羊脖盖饭
烤羊排	土豆羊肉

为什么羊肉能够在历朝历代中皆有浓墨重彩的记载？也许正源自于唐代孟诜《食疗本草》所载的"凡味与羊肉同煮，皆可补也。"明朝李时珍《本草纲目》中亦记载："羊肉有益精气、疗虚劳、补肺肾气、养心肺、解热毒、润皮肤之效。"由此可见，羊肉的确对人的身体大有裨益，成为人们餐桌上必不可少的美食。

新疆的羊跑在戈壁上，生在草原上，长在云杉旁……天然的生长环境决定了羊肉的品质。

羊儿们以蒿草、沙葱、甘草、柴胡等50多种天然中草药为食，饮用的是含有多种矿物质的天山雪水；每天不是在吃草，就是在奔跑，身子矫健茁壮，毛发柔顺细长，肉质鲜嫩营养。这就形成了新疆羊肉的独特风味。

在巴里坤人的饭桌上，羊肉焖饼算是最为常见的美食了。这道羊肉焖饼亦是游牧饮食文化与农耕饮食文化相互浸润的极佳例证。

巴里坤隶属哈密市，北界蒙古国，虽是个藏在大山深处的边远小县，但从汉代起这里就属西域都护府管辖。清代自康熙年间便开始了大规模的屯垦，先后有来自甘肃、陕西、山西、四川、湖南、湖北、河北、内蒙古、天津等全国各地的数万人迁居至此。

这些来自全国各地的人们也带着各自的生活习俗、节日习俗、饮食习俗汇聚在了巴里坤这片宝地上。

牧民的不断增加和小麦的大量种植促进了农耕文化和游牧文化的交融与交流，羊肉焖饼便是这一交融下的产物，也是一道经典的肉食与面食相结合的特色美味。人们将最喜爱的肥美羊肉投以鲜姜、野葱红烧，再将传统的薄饼铺到羊肉上加盖，靠蒸气焖熟，与羊肉一起装盘。

两种文化、两种味道相互碰撞，深深地打动着每一位来自远方的客人。

每当有客人到来时，主人必定会做上一盘地道的羊肉焖饼进行款待。外地游客总会惊叹于巴里坤的盘子是如此巨大，也惊讶于巴里坤人对羊肉焖饼的执着与钟爱。

巴里坤人对于羊肉焖饼的执念大多源自一份"老味道"的情怀。制作巴里坤羊肉焖饼的关键，是选用真正的巴里坤纯天然绿色羊肉。厨师们一般都会选择两岁左右的羊，这个年龄段的羊，肉质不嫩不老，味道鲜美。新鲜的羊肉加上精致的烹调方式，就是羊肉焖饼的标配。

其实，羊肉焖饼制作的秘诀还是要在"焖"字上下功夫。所谓"焖"，就是用小火煮，做法并无太大难度，关键是对火候的掌握和制作面饼的技术。

首先将连骨羊肉剁成小块备用，锅烧热，倒入适量清油，待油烧至七成熟时，将羊肉块放入锅中煸炒。炒至羊肉块外皮绷紧后，加入花椒、姜粉、食盐、酱油、料酒、大葱等佐料。加水烧开，改文火慢慢炖煮。

当羊肉的鲜香被彻底释放出来后，师傅们就开始制作面

饼了。与其他地区制作面饼的方式不同，巴里坤的饼除了在面团中加入食盐、鸡蛋、肉汤等辅料外，还会多加入一味食材——香豆粉。香豆又名胡芦巴，有少许川芎和焦糖味的香气，烹饪时取其茎叶或种子打碎成粉后掺入面食中进行调味，可赋香提味、增进食欲。和好的面团会被擀制成一张张薄如蝉翼的圆形大饼，做菜的师傅们会在每张饼上刷一层食用油相隔，以防粘连。将制作好的饼子一层一层地焖在锅中的羊肉上面，盖好锅盖，小火炖煮至羊肉酥烂，待汤汁收干后即可出锅食用。

薄薄的面饼充分吸收着汤汁中的精华，单是嗅到其味，就会引人口水直流。羊肉的鲜香与面饼的柔韧完美结合，看上去油津津、黄澄澄，吃起来却油而不腻、韧劲十足。来到巴里坤的客人，在吃了羊肉焖饼之后无不夸口叫绝，盛赞其味。

如今，在巴里坤的大小餐馆里几乎都能吃到羊肉焖饼，好多人还将制作方法传到了全疆各地。

在木垒，人们习惯将羊肉焖饼用自己喜欢的方式加以改良，称其为"羊肉封饼"。虽然"焖"与"封"只有一字之差，但在做法上却截然不同。巴里坤人是将饼子一层层焖于羊肉上，盖上锅盖利用蒸汽将面饼蒸熟；木垒人则是在红烧羊肉时不加水，将饼子擀好后每次只放一张在锅中，并用筷子扎出一个小洞，倒入羊汤的原汁，蒸熟后再换另一张，依次反复，既可保证羊肉不被烧糊，又可让薄饼更好的入味。最关键的"封"字，就是用饼子把羊肉封得严严实实。虽然"焖"和"封"的做法不同，但人们要的不过是自己最为喜欢的味道罢了。

其实，每个人的生活都像这道羊肉焖饼一样，需要用文火慢慢烹煮出鲜美之味。或许，在不久的将来，人们还会继续将羊肉焖饼的做法创新改革；又或许，在时间的流转中，人们会一直就这样将羊肉焖饼的做法原汁原味地传承下去。无论如何，最值得珍惜和回味的，一定还是这道羊肉焖饼带给我们的浓浓的家乡味道和千里之外的深深思念。

如果说，世间所有的相遇都是久别重逢，对于人与食物而言，亦是如此。

提起一座城市，人们最怀念的就是那些记忆中的老味道。九碗三行子、胡辣羊蹄、巴里坤土火锅、面肺子、米肠子、羊肉焖饼……这些疆味人家的传统风味对于新疆人来说，不仅仅是绝色之味，更是生活在外地的新疆人最为怀念的家的味道。它们，也是永久保存在人们心里的美好怀念和记忆，任岁月流逝，也难以忘怀。